¿QUÉ SOMOS?

¿SOMOS LIBRES?

¿Ser polvo sideral no es, además, poético?

REINALDO RODRÍGUEZ ANZOLA

¿QUÉ SOMOS?
¿SOMOS LIBRES?
¿Ser polvo sideral no es, además, poético?
©Reinaldo Rodríguez Anzola
2018

rey253@hotmail.com
viviressuficiente@gmail.com
aceptoeldevenir@gmail.com
reinaldorodriguez@facebook.com
@RodríguezAnzola
@SobrelaVida
reinaldorodriguez.blogspot.com

Este libro no podrá ser reproducido, ni total ni parcialmente, sin el previo permiso escrito del autor.

ÍNDICE

Dedicatoria....................7
Rafael Cadenas...............9
¿Qué somos?.................11
Albert Einstein............80
¿Somos libres?.............81
Cristo........................102
"Soy lo que soy"...........102
Autores consultados....103
Petición......................104
Sobre el autor..............105
Otros libros del autor..106

Dedicatoria

A

Marielena, Maribel, Maritza y Manuel Alfredo López Rodríguez

Ricardo Ignacio, María Aurora y Mariana Aguerrevere López.

Verónica y Vanesa López Rodríguez

Luisana y Luis Manuel Pérez López

Jorge Andrés, Andreina y Diego Vásquez López

Rafael Cadenas

"Nada hay nada más extraño que nuestra existencia"

"Nuestro verdadero linaje es el enigma. Somos eso".

A Cadenas se le preguntó:

¿Ud. da la espalda al acto de elegir?

He aquí su respuesta:

"Uno no elige, los hechos nos llevan. Las cosas van madurando hasta darse. Elección, escogencia, decisión, son actos de la voluntad. En verdad yo siento que no hay verdadera elección. Pienso que en la llamada elección algo se "inclinó" para producirla."

¿Qué somos?

.1.

Somos enigma, y nuestra misión es enigma.

.2.

¿Qué somos? Todo saber es tautológico, necesitamos un marco de referencia previo para decir algo, y lo que se dice no es la realidad.

.3.

¿Somos algo en vez de nada? Ambas palabras se necesitan y se engendran mutuamente.

.4.

Si surgimos de la nada, la nada también existe.

.5.
Eso de algo o nada no es necesariamente contradictorio.

.6.

Pensando somos algo. No es posible negarlo sin negarnos a nosotros mismos.

.7.

Antes del Big Bang inventamos la nada, hacia la cual vamos. ¿No es, además, poético?

.8.

Somos vida. Sabemos que estamos vivos y, sin poder explicarlo, vivimos.

.9.

Somos una totalidad que se nos escapa.

.10.

Somos vida, aunque no sabemos por qué ni para qué existe la vida.

.11.

Desde el pensamiento, podemos hacer infinitas conjeturas, sin certezas.

.12.

Si el universo es finito somos finitos y, si es infinito, también lo somos.

.13.

Si nadie está fuera de la realidad, somos realidad.

.14.

El animal humano no existiría sin pensamiento, somos pensamiento.

.15.

Somos manifestaciones de la vida.

.16.

No somos entes separados de los elementos de la naturaleza. Dependemos de la vida, del agua, del oxígeno, del fuego, de los minerales, de los átomos y de la luz.

.17.

Nuestra real o aparente realidad es algo, aunque no sepamos qué es algo.

.18.

El animal que somos y la naturaleza somos uno.

.19.

Somos naturaleza. Todo lo es.

.20.

Somos lenguaje, vivimos en él.

.21.

No estamos separados del mundo, somos el mundo.

.22.

Si el misterio está en todo, somos enigma.

.23.

Si el universo surgió de la nada, de allí venimos.

.24.

Si no estamos fuera, somos el universo.

.25.

Si estamos hechos con los mismos elementos del universo, todo está entrelazado.

.26.

Del universo surgió la vida, y lo que nace muere, la mente ignora lo infinito.

.27.

Somos enigma, pero el ego no lo reconoce.

.28.

Lo que nace y muere es la persona que creemos ser.

.29.

Desde que el universo existe, la energía que nos constituye ya existía.

.30.

La vida está en desarrollo. Existe una continuidad desde la más elemental forma de vida, hasta el animal que somos.

.31.

Siendo la vida posible, aun desapareciendo todo vestigio de vida, seguiremos siendo potencialidad de vida.

.32.

Somos vida, somos realidad y Lo-Que-Es.

.33.

Lo dicho son ideas. Lo evidente es que no somos ningún "yo" separado del animal que somos.

.34.

Somos una paradoja: somos a la vez sujeto y objeto de toda pregunta.

.35.

Somos animales humanos destinados a barruntar fragmentos de verdades sobre el enigma de la existencia que nos constituye.

.36.

El animal que somos comenzó en un mundo mágico, inmerso en el misterio y a merced de fuerzas ocultas que controlaban los acontecimientos.

.37.

Al hacerse compleja la reflexión, comenzó la era de la razón y se le dio nombre al misterio. Al animal que somos se le llamó "Ser" y a su origen se le dijo "Dios".

.38.

La vida no puede ser conocida, aunque esa vida que no podemos conocer es lo más evidente. No conocemos, por ejemplo, de donde viene la vida, sin embargo, sabemos, sin duda, que vivimos y que somos "algo".

.39.

El conocimiento humano, lo dijo Kant, tiene un límite insalvable: lo fenoménico. Algo sabemos de la vida porque se presenta en tiempo y espacio, diferente a su origen que está más allá del tiempo.

.40.

No hay de que lamentarse, si no me lamento de no ser un árbol, tampoco debo lamentarme de ser lo que soy, ni de ser algo. Sé que "soy", lo vivencio, aunque no sepa, verbalmente, lo que significa "ser".

.41.

¿Qué pasa cuando el mismo pensamiento acepta que la verdad no se nos revela, verbalmente? Se abandona la pretensión de ser la medida de todas las cosas, como dijo Protágoras.

.42.

La esencia del humano no está en la razón sino en ese algo inasible: el "ser".

.43.

Se sabe que algunos seres humanos son mujeres, otros somos hombres, eso es lo que es, mas ambos somos y ese ser del animal que somos es lo que no conocemos.

.44.

Lo absoluto está fuera del pensamiento.

.45.

Todo conocimiento humano tiende a ocultar el misterio.

.46.

Al no saber sobre las ultimidades del vivir, al no tener respuestas a las preguntas últimas, surge una verdad absoluta, guste o no: vivimos en la ignorancia radical.

.47.

Reivindiquemos la ignorancia radical. Además de ser verdad, nos hace humildes.

.48.

Aceptar nuestra ignorancia radical rescata la capacidad de asombro. Si no sabemos nada sobre las ultimidades, si todo es enigma, veamos todo como es: un misterio, extraordinario y maravilloso.

.49.

No saber nos señala el camino del vivir en vilo, a plenitud, con deseos de indagar o inquirir el misterio tremendamente hermoso de vivir.

.50.

Es una verdad evidente nuestra radical ignorancia. Desde el pensamiento todo resulta relativo, sólo se accede a verdades parciales.

.51.

¿Quién y desde dónde habla? Habla una mente-organismo, un yo, una conciencia y una cultura. Siempre se habla desde una historia personal. Nadie está fuera de sí mismo, ni de sus pensamientos ni de su naturaleza.

.52.

En el lenguaje nacemos y vivimos los animales que somos.

.53.

Los científicos dicen que somos animales humanos, por tener una base orgánica, y otra cultural.

.54.

Todo indica que no se surge de la nada, y que la vida y la muerte son parte del universo. Venimos de la evolución de la naturaleza, y a ella regresamos.

.55.

Somos todo y la mente nos divide, nos hace ver dos mundos. Nacimos de la naturaleza, a ella pertenecemos, aunque con la cultura tenemos la ilusión de ser otra cosa.

.56.

La mente nos saca ilusoriamente del proceso evolutivo, al hacernos creer que somos algo dado, nos hace olvidar que en realidad somos un proceso, un proceso que no conocemos.

.57.

Existe un verdadero Yo que no conocemos, pero vivenciamos, que es todo, y está más allá del cuerpo-mente. Y otro yo ilusorio que es el que permite vivir esta vida tal y como la conocemos.

.58.

Todos los animales humanos estamos condicionados, y ver los condicionamientos en un acto liberador.

.59.

Los condicionamientos tampoco son algo dado, ni fijo. No, en realidad están cambiando continuamente. Los invito a refrescar los condicionamientos. Estamos programados para intentarlo.

.60.

La conciencia depende de un proceso que no controlamos. Formamos parte de la naturaleza que parece haber existido siempre y, en ese sentido, nunca nacemos ni nunca moriremos.

.61.

Para el desarrollo armónico de la humanidad hay que buscar la integración de los legados de Oriente y Occidente, permitiendo que surja un ego más sano que trascienda los pensamientos, sin dejar de valorar la razón.

.62.

Al formarse una conciencia, adquirir un lenguaje y el pensamiento, ha surgido ese otro mundo del ego o yo, de creernos una persona, con una historia propia, que hereda y sigue desarrollando una cultura.

.63.

Ese animal que somos es el que pone nombre a las cosas y reflexiona sobre sus propios pensamientos, surgiendo las opiniones, religiones y filosofías. Y es a través de esas ideas, con sus sentimientos y emociones, con las que nos relacionamos.

.64.

La verdad es lo que existe, es la llamada realidad, aunque esa realidad es enigmática. Con la ciencia nos acercamos al cómo son y cómo operan las cosas, con el gran inconveniente que no se puede vivir en la ciencia.

.65.

Somos realidad y, en ese sentido, somos la verdad absoluta, que es atemporal, sin principio ni fin. Somos eso, porque emanamos y somos parte de ella. No obstante, mentalmente, no tenemos acceso al todo, a esa verdad absoluta.

.66.

Al pensamiento le está vedada la verdad absoluta. Entonces, si la verdad absoluta existe no es accesible a la mente humana.

.67.

Somos realidad, pero la realidad es desconocida. Al darle nombres: Dios, Conciencia, Naturaleza, Universo, Ser, Energía, Átomo, creemos conocerla. Regresemos al origen, somos lo desconocido igual que la vida.

.68.

El pensamiento puede ser muy útil para mostrar nuestras

equivocaciones y ver lo que no somos.

.69.

Siendo el yo y el pensamiento creaciones de la mente, de los cuales surge el concepto de persona, se hace diáfano que no somos la persona que creemos ser.

.70.

Es evidente que no estamos separados ni del cuerpo ni del universo.

.71.

La vida que somos, nadie sabe por qué, creó la mente, la conciencia y el pensamiento. Al pensar nos creemos seres independientes, y con libre albedrío que, tal y como se le entiende comúnmente, es otra ilusión.

.72.

La mente es una prisión si te identificas con ella. Ver que todo pensamiento está condicionado termina siendo liberador. Aprende a utilizar el pensamiento, sin hacerte su esclavo. Recuerda a Mandela en prisión.

.73.

Los animales que somos formamos parte de una totalidad que llamamos universo.

.74.

Los pensamientos y sentimientos no son nuestros. Nada lo es.

.75.

El pensamiento se convierte en prisión si comienzas a utilizarlo fuera de su ámbito, que es la ciencia y la cultura.

.76.

Para acercarse a la totalidad de la vida, se requiere trascender el pensamiento.

.77.

Nadie sale por completo de su yo y sus pensamientos, aunque es posible verlos, y observar cómo funciona la mente. Ese acto de ver, sin juzgar y sin identificarse con ninguna idea, es liberador: comienza el cese del pensamiento.

.78.

Cuando el pensamiento cesa se hace contacto con lo infinito, con lo que se ha llamado sagrado e inefable

.79.

Fuera de la mente no hay nada, pero se sigue vivo y, para describir lo que pasa cuando el pensamiento cesa, hay que usar palabras: cierta paz, cierta felicidad.

.80.

La condición humana está determinada por la conciencia. Sin conciencia no hay nada, no hay mundo, no hay personas, no hay ni vida ni muerte, porque son conceptos que solo tienen significados y validez dentro de la mente.

.81.

Para formar la conciencia hay que condicionar al humano. Hacerle creer que el yo, la persona, el lenguaje y el pensamiento, están separados de su mente-organismo.

Sin embargo, eso no es cierto, dependen de la mente.

.82.

La conciencia surge de la aparente separación entre cuerpo y mente, a través de la ilusión de existir un yo como autor de los pensamientos. La verdad es que cuerpo-mente, yo, conciencia y pensamientos son parte de un mismo proceso.

.83.

El animal que somos llega a creer que está totalmente separado de los demás animales y cosas. Y, para pensar en el universo, incluso se sitúa, ficticiamente, fuera del mismo universo. Es la mayor ilusión del animal humano.

.84.

No se sabe lo que es el libre albedrío. No obstante, se intuye que nadie puede liberarse por completo de su carga genética, ni de todos sus condicionamientos, lo que influye en creencias, quereres y acciones.

.85.

La conciencia condicionada, creadora de ficciones, también es capaz de ver sus límites, sus equivocaciones, y tiene la posibilidad de intuir lo que está más allá del pensamiento.

.86.

Tenemos la posibilidad de percatarnos de no ser la persona que creemos ser.

.87.

Hablo desde un yo que es una ficción, y es ese mismo yo el que, al verse, se percata de su naturaleza ilusoria y de sus equivocaciones.

.88.

No se sabe por qué ni para qué existe la vida, ni fue decisión nuestra estar aquí. Somos una totalidad que se nos escapa, y es maravillosa.

.89.

No se sabe qué somos, todo es misterio.

.90.

Se puede conocer lo que no somos. Podemos saber que la vida, la muerte, el mundo y la realidad, que conocemos, son invenciones de la mente.

.91.

Nadie está fuera de la realidad y por eso no se habla desde un lugar neutro.

.92.

Todos tenemos prejuicios porque todos estamos condicionados.

.93.

Desde el pensamiento no hay verdades absolutas y hablo desde la ignorancia radical.

.94.

Somos entes ilusorios y nos vemos como entes separados. La verdad es que no hay ningún "yo" separado escribiendo y otro "yo" leyendo.
Es la vida desarrollándose, desplegándose y "haciéndose",
a través de nosotros.

.95.

Hablo desde la ilusión de "mi" vida sin embargo me está vedado dividirla, soy "vida".

.96.

Hablemos de nuestras equivocaciones, de lo que no somos, de nuestras ilusiones y paradigmas, aceptando que el pensamiento tiende a esclavizarnos.

.97.

Percatándonos de lo que no somos, de alguna manera, nos acercamos a lo que somos.

.98.

No existe tal persona, distinta a una mente-organismo con la facultad de pensar.

.99.

Hablamos de las cosas porque hemos creado palabras para nombrarlas y, al poder pensarlas, surge la ilusión de conocerlas.

.100.

La verdad última es que no sabemos qué es esa realidad hecha de átomos. Los científicos no han podido decirnos qué es, exactamente, eso que llamamos materia. Al final todo revela su misterio.

.101.

Es indispensable reivindicar nuestra ignorancia radical. Reconocer que, por más conocimientos acumulados, seguimos sin respuestas a las preguntas últimas sobre la realidad, la vida, la conciencia, la materia o la energía.

.102.

Si aceptamos no saber, es un paso gigantesco, un avance insólito. Imagínense, quitarse todos los prejuicios que sostienen a las religiones que pretenden tener la respuesta al misterio de la vida.

.103.

La ciencia, el saber más prestigioso, acepta estar basada en conjeturas, no en verdades absolutas. Verdades que continuamente están siendo superadas.

.104.

La ciencia acepta que se basa en teorías, que alguien, mañana, puede probar su falsedad.

.105.

Dejemos a un lado la ilusión de que la ciencia podrá revelarnos el inconmensurable misterio de la totalidad de la vida. Forzoso es reconocer que no hay verdades absolutas, salvo, quizá, de que "hay algo".

.106.

Si aceptamos nuestra ignorancia radical, nos ahorramos la pretensión de buscar, a través del pensamiento, verdades absolutas. Y de creer que alguien, tiene o tendrá las respuestas a los enigmas del vivir y morir.

.107.

El razonamiento, la lógica, y los experimentos no pueden develar nuestra inasible realidad.

.108.

Teniendo presente que las palabras no son la cosa, no pretendamos sustituir Lo-Que-Es por las palabras.

.109.

No se puede conocer la totalidad impersonal de la existencia. Ahora, siendo lo-que-es, la totalidad de la vida puede vivenciarse.

.110.

El yo ilusorio crea otras ficciones, pero por más que se distorsione la realidad con el pensamiento, la realidad y la verdad están en nosotros: somos realidad y verdad.

.111.

Los sabios aconsejan no buscar la realidad y la verdad fuera de nosotros. Somos realidad. Podemos vivenciarla sin poder explicarla. Las vivencias son inefables.

.112.

Está claro que somos ignorantes de las ultimidades sobre la vida y lo que realmente somos. Somos enigma y formamos parte del misterio. Estas son verdades evidentes.

.113.

Es imposible probar que otros no tengan razón en sus afirmaciones. Pero, si los extraterrestres existen, no es evidente que hayan venido o estén aquí. Tampoco es evidente la existencia de Dios.

.114.

No diré nada sobre Dios porque no sé si existe. Y si existe ya lo dijo el Maestro Eckchart: "¿Y por qué caer en habladurías sobre Dios?

Cualquier cosa que digáis de Dios es falsa."

.115.

En la conciencia está la presencia insoslayable del misterio.

.116.

Si dejamos de tomarnos a nosotros mismos como medida de la verdad, el misterio se hace presente en la vida cotidiana.

.117.

La verdad y la libertad son misterio.

.118.

La razón no está por encima de la vida. Es necesario despertar ante la realidad de la vida. Recordar a Heráclito: "Los hombres, como son todos, despiertos están dormidos".

.119.

En la realidad, en el mundo, en la vida, no existe eso de sujetos y objetos.

.120.

La mente funciona como una fotografía, paraliza todo, y hace del proceso, del flujo, del devenir, cosas concretas.

.121.

El pensamiento crea los conceptos de sujeto y objeto, de nacimiento y muerte. Y se ve a sí mismo como sujeto, mortal o inmortal.

.122.

Formamos parte del proceso de la vida. En la realidad no hay conceptos.

.123.

Somos, pensamos y actuamos, con base a una programación que surge de los genes y de los condicionamientos.

.124.

Desde la mente, somos sujetos que hacen cosas. Al trascender los pensamientos, vemos la falsedad de los conceptos y nos percatamos de nuestra ignorancia.

.125.

Al trascender el pensamiento, regresamos al origen, a la totalidad, o Uno, que es misterio.

.126.

Todo está lleno de contradicciones porque utilizamos conceptos, y la verdad está más allá de los conceptos. La verdad es una tierra sin caminos.

.127.

No somos la persona que creemos ser. Afirmar que todo es Dios o Conciencia ¿No es acaso el mismo engaño, a otro nivel?

.128.

Usamos palabras para lo inefable. Ponerle nombre a lo desconocido hace creer que lo conocemos.

.129.

La vida y la muerte no son dadas, son un proceso.

.130.

El animal que somos es "algo" que no sabemos qué es. Dejemos a un lado las afirmaciones y aceptemos no saber.

.131.

Por lo dicho hasta ahora, se tiende a justificar cierto nihilismo o pasividad. Queremos distanciarnos de esas conclusiones, contrarias y no acordes con la vida.

.132.

Si despertamos, vemos un mundo real desconocido. Si seguimos dormidos, vivimos en un mundo irreal, conocido y aceptado por la mayoría.

.133.

El misterio de la vida y la muerte nos acompaña siempre. Aceptemos la realidad: somos enigmas.

.134.

Antes de la aparición del animal que somos, no existía nada de lo que ahora vemos, porque la vida, tal y *como* la conocemos, es producto de los conceptos creados por la mente.

.135.

Creemos que siempre ha habido "algo", porque no se nace de la nada, aunque nada o algo sólo tiene significado para el animal que somos.

.136.

Nada existe mientras alguien no lo piense.

.137.

Lo conocido sólo existe en nuestra mente. En la naturaleza no hay grande o pequeño, materia o energía, bueno o malo. No hay misterio.

.138.

Únicamente para el animal que somos tiene sentido hablar de energía, conciencia, amor, muerte o misterio.

.139.

Somos todas las cosas porque ellas nos constituyen, pero exactamente, no sabemos qué es ninguna de esas cosas, ni la energía.

.140.

Somos algo indefinible como la vida misma.

.141.

Con propiedad, sólo podemos hablar de sensaciones y visiones.

.142.

Siguiendo a Cioran, si existe un destino, existe antes de nacer y después de morir, pero mientras existimos la gracia del vivir radica en no aceptar ningún destino.

.143.

Vida y muerte no existen en la totalidad de la vida.

.144.

Persona y mundo son creaciones del pensamiento, conjeturas de la mente.

.145.

Decir conciencia es decir materia.

.146.

La ciencia discute sobre la nada. ¿Seremos algo que ha existido siempre o somos algo que surgió de la nada?

.147.

Es imposible dejar de intuir que algo hay, pero no sabemos qué es "algo".

.148.

Se nace y se muere en el pensamiento. La totalidad de la vida se escapa.

.149.

Venimos de un hombre y una mujer que, a su vez, tuvieron padres. Si nos remontamos, llegamos a las primeras manifestaciones de vida, pero al principio y al final está el enigma.

.150.

Sexo, lenguaje, época, religioso o ateo, son conceptos, no la realidad última.

.151.

En la totalidad de la vida, en la realidad, no hay principio ni fin.

.152.

Pensando somos algo. Pero, al final, eso de algo y nada no es necesariamente contradictorio.

.153.

Existimos sólo para la mente. La realidad puede ser una compleja organización de átomos. Las partículas subatómicas se comportan como materia o como ondas, y parecen surgir de la nada.

.154.

¿Qué es lo espiritual que anida en nosotros? No sabemos ni siquiera lo que es materia. El enigma es total.

.155.

Nacemos en el tiempo y no podemos saber lo que es eterno.

.156.

A pesar de vivir somos eternos.
Las palabras velan y revelan.

.157.

Existen fuerzas que no son accesibles a la mente humana.

.158.

¡Qué paradoja la del ser, es incognoscible, indubitable y hasta evidente!

.159.

El animal que somos crea el yo y éste se erige en medida de todo.

.160.

Sin pensamiento nada existe. Para el pensamiento, somos átomos, energía, bla, bla, bla, nada.

.161.

El yo navega en una realidad que lo supera.

.162.

Con las palabras, la relación con las cosas deja de ser directa y se soslayan sus misterios.

.163.

Acercarse a la realidad es constatar lo que no es verdad.

.164.

Creemos ser libres, aunque estamos determinados por genes y condicionamientos.

.165.

El ego viene de la mente y todo lo condiciona.

.166.

El mundo que conocemos es de la mente.

.167.

Sólo entendemos de inicio y fin, aunque somos devenir.

.168.

Es imposible determinar el nacimiento del yo.

.169.

De la totalidad de la vida surge el yo que se cree autónomo.

.170.

El yo cree estar más allá de la naturaleza y del animal que somos, ¿ves lo absurdo?

.171.

Si al inicio no había lenguaje y el yo viene del lenguaje, el ego no puede ser la esencia del animal que somos.

.172.

Recuerda, al nacer no hay yo, nuestro origen es sin yo.

.173.

Recuperemos la capacidad de maravillarnos ante el misterio.

.174.

Pensamos el mundo, nombramos las cosas y creemos conocerlas.

.175.

El pensamiento es dual, compara y clasifica: grande y pequeño, bueno y malo, vida y muerte, pero la dualidad no existe en la realidad última.

.176.

No hay separación entre mar y ola, tampoco entre cuerpo y mente, pero para el pensamiento son cosas distintas.

.177.

Lenguaje, conciencia y yo surgen de, y son, enigma.

.178.

El pensamiento nos separa de la naturaleza y vanamente esperamos que la ciencia lo explique.

.179.

Las palabras ocultan al animal que somos.

.180.

Cuanto se dice viene del pensamiento, y se infiere que hay algo más, sin saber qué es.

.181.

Creamos el mundo a través de interpretaciones.

.182.

Somos lenguaje, vivimos en el lenguaje y con él creamos la realidad que creemos conocer.

.183.

Nace el cuerpo, no el yo. El yo nace y se confunde con la mente. El verdadero Yo es inasible.

.184.

El yo no existe como ente separado, y ¡qué difícil es negarlo!

.185.

La conciencia es posterior a la existencia y no puede ser su esencia.

.186.

¿Qué es, por qué y para qué existe la conciencia? No se sabe.

.187.

La naturaleza crea la conciencia.

.188.

La conciencia crea a la persona.

.189.

La persona se cree libre.

.190.

La misma conciencia se percata de no tener la libertad que cree tener.

.191.

Somos sombra, fragmento de una verdad inasible.

.192.

El libre albedrío, como se le entiende, es otra ilusión.

.193.

No hay libertad: genes y circunstancias nos determinan.

.194.

Para pensar se crea una ilusoria separación de todo.

.195.

La naturaleza no está fuera de nosotros, somos naturaleza.

.196.

La conciencia no está separada de la naturaleza.

.197.

La separación de las cosas es relativa, parcial, no total.

.198.

Nada es nuestro, pero hablamos de mi cuerpo y mi pensamiento.

.199.

No hay nadie fuera del cuerpo y los pensamientos.

.200.

La conciencia sería el substrato del Universo, de donde surge el "yo soy" y todo lo demás.

.201.

La conciencia sería lo absoluto, lo que está en todas partes y surge como "yo" dentro de ti.

.202.

La conciencia sería previa a todo lo demás y nosotros su manifestación.

.203.

En definitiva, no se sabe lo que es la conciencia.

.204.

La conciencia es particularmente enigmática, permite ver el misterio de sí misma.

.205.

Lo evidente es que la conciencia no es nuestra, pertenece a la vida, no nace ni muere con nosotros.

.206.

La conciencia es lo más maravilloso, asombroso y enigmático del animal que somos.

.207.

La conciencia permite el contacto con lo desconocido.

.208.

La conciencia es inasible, como ¡el reflejo del sol en la gota de rocío!

.209.

Hablar de persona contribuye a la ilusión de estar separados de la naturaleza.

.210.

Sin lenguaje no se piensa ni hay persona.

.211.

Para pensar son necesarios sujeto y predicado, y así surge la ilusión de una persona separada, que dice: mi mujer o mi vehículo.

.212.

Nos relacionamos con imágenes y nunca con la realidad.

.213.

El animal que somos crea las separaciones, un objeto-cognoscente cree conocer a otro objeto-conocido, y de allí surgen sujeto y objeto.

.214.

Siendo enigmas es comprensible el apego a la vida.

.215.

Es liberador darse cuenta de que la persona no existe.

.216.

Hablamos de la realidad desde una ficticia persona.

.217.

La persona olvida su ilusorio origen.

.218.

La inexistente persona cree ser la hacedora de las acciones del cuerpo.

.219.

La persona existe como palabra, pensamiento, concepto y centro integrador de las acciones, nunca como ente separado del cuerpo.

.220.

El hacedor es un cuerpo-mente, nunca una persona.

.221.

El cuerpo no necesita a la persona para existir.

.222.

Nadie ha encontrado una persona, ni la ha visto ni demostrado su existencia.

.223.

Un inexistente yo dice ser el hacedor. Si la persona no existe ¿hay alguien que haga algo?

.224.

Un gato hace algo y a nadie se le ocurriría que fue el yo del gato quien lo hizo. La mente-organismo hace algo y dice: "yo lo hice".

.225.

¿En verdad crees que en ti hay dos entes: una mente-organismo y un yo hacedor?

.226.

El pensamiento no es el instrumento para conocer qué somos, pero no tenemos otro.

.227.

La misma razón se percata de que la realidad última está más allá del pensamiento.

.228.

¿Qué somos? ¿De dónde venimos? ¿Para dónde vamos? ¿Para qué existe la ilusoria persona? Una sola respuesta: palabras.

.229.

El pensamiento vela la verdad.

.230.

La persona que creemos ser no pasa de ser conceptual.

.231.

La persona que creemos ser es un ser lingüístico.

.232.

Las palabras son los límites del animal que somos.

.233.

El cuerpo-mente, como la totalidad de la vida, es inaccesible al pensamiento.

.234.

Sustituimos lo que somos con conceptos.

.235.

El mismo observador se percata de ser lo observado.

.236.

La ciencia no ha podido establecer la diferencia entre materia y energía.

.237.

Ser, ¿habrá un enigma mayor?

.238.

El animal que somos nunca tiene contacto directo con la realidad.

.239.

Se habla mucho de realidad e irrealidad, sin conocer la diferencia.

.240.

Lo que llamamos real sigue siendo misterio.

.241.

Desde el yo se habla del universo como algo separado, ¿existirá alguien que en verdad crea estar fuera del universo?

.242.

No sabiendo lo que somos, lo llamamos yo.

.243.

El yo es un concepto, una palabra, una idea, un condicionamiento y un prejuicio, pero nunca el verdadero Yo.

.244.

Hay un ente pensante y no un ente con pensamientos.

.245.

Nosotros no escribimos el rol que en nosotros se actualiza cada día.

.246.

La mente como parte no puede ver la totalidad que somos.

.247.

Si existe la verdad sobre la vida y la muerte, el pensamiento no la reconoce.

.248.

El animal que somos no se creó a sí mismo, pero la persona sí es creación de la mente.

.249.

Somos algo desconocido, y lo llamamos animal humano.

.250.

A la vida la oculta el ilusorio yo.

.251.

Las palabras reflejan una realidad que desconocemos.

.252.

Somos partes de una totalidad inconmensurable que no puede verse.

.253.

Ese algo que no conocemos se manifiesta como energía y conciencia.

.254.

¿La totalidad desconocida se refleja en la conciencia o será lo contrario?

.255.

Somos parte de algo que no controlamos ni comprendemos.

.256.

Finalmente, sé lo que soy: soy enigma.

.257.

Con el pensamiento se deja de vivenciar la vida para interpretarla.

.258.

Las suposiciones, al compartirlas, parecen realidad.

.259.

Prejuicios compartidos pasan por verdades.

.260.

Una ficción generalizada es ser persona desde el nacimiento.

.261.

Ni siquiera el yo nace con el cuerpo.

.262.

Otra ilusión es la de sobrevivir a la muerte física.

.263.

Vivenciemos el enigma que somos.

.264.

En la cárcel del pensamiento las palabras sustituyen a la realidad.

.265.

La mente divide la totalidad de la vida, para nombrarla y pensarla, creando otra realidad.

.266.

Hacemos ingeniosas conjeturas, pero la verdad siempre se escapa.

.267.

La totalidad de la vida no puede ser vista ni conocerse.

.268.

Es una experiencia inefable el silencio de la mente. Lo que digas luego carece de sentido.

.269.

Es imposible ser la misma persona, somos devenir.

.270.

El pensamiento está condicionado, y nunca es la realidad.

.271.

Creer o no en Dios es lo mismo, crees que crees o crees que no crees.

.272.

Se cree en algo como opuesto a lo otro, y ambos son falsos.

.273.

No estamos condenados a creer en algo, se puede vivir desde la ignorancia radical.

.274.

Dios es conjetura, se afirme o se niegue.

.275.

Vivenciemos el enigma en la cotidiana existencia.

.276.

Estamos condenados a creer lo que creemos querer voluntariamente.

.277.

¿Habrá mayor paradoja que la de ser sujeto y objeto de toda búsqueda?

.278.

Si todavía crees ser el hacedor, no has comprendido nada.

.279.

No se puede experimentar lo que no se puede conceptualizar.

.280.

Sabemos que somos enigma, pero el yo seguirá indagando.

.281.

Desde el pensamiento, somos una contradicción, como la vida.

.282.

Cuando ves que "Eso" es todo, te ríes o sonríes.

.283.

Al vivenciar el enigma que somos la religiosidad se hace presente.

.284.

Sin el pensamiento queda "Eso", "Lo-Que-es", "Lo-Que-Somos".

.285.

Somos Eso, lo inexplicable, impensable e inefable.

Albert Einstein

"Actuamos bajo presiones externas y por necesidades internas. La frase de Shopenhauer: "Un hombre puede hacer lo que quiere, pero no puede querer lo que quiere", me bastó desde mi juventud."

"Todo está determinado... por fuerzas sobre las que no tenemos ningún control."

¿Somos libres?

.1.

Si nadie sabe qué es el libre albedrío, ¿podemos considerarnos libres?

.2.

No existen verdades absolutas, pero hay quien cree tener una libertad absoluta.

.3.

Se sabe que la razón tiene sus límites. ¿Nuestra libertad no los tiene?

.4.

Sabemos que ni en el pensamiento ni en las palabras está la verdad, ¿será verdad el libre albedrío?

.5.

¿Si el pensamiento está condicionado, puede considerarse libre?

.6.

¿Tiene lógica considerarnos libre, sin saber qué somos?

.7.

Todo conocimiento humano soslaya el misterio. ¿No es un enigma el libre albedrío?

.8.

Si todo indica que lo absoluto está más allá del pensamiento, ¿de qué lado está el libre albedrío?

.9.

¿Podemos ser libres, aunque la totalidad se nos escapa?

.10.

¿Podemos ser libres sin saber por qué ni para qué existe la vida?

.11.

Sin certezas, ¿puede considerarse absoluto el libre albedrío?

.12.

El yo, la persona, la historia personal, el idioma, el pensamiento, todo viene o surge con la cultura, ¿somos libres de la cultura?

.13.

Si nadie está fuera de la realidad, ¿somos libres de la realidad?

.14.

El pensamiento condiciona, ¿habrá alguien que esté libre del condicionamiento?

.15.

Somos manifestaciones de la vida, incluyendo el llamado libre albedrío.

.16.

Si estamos condicionados, ¿puede existir el libre albedrío?

.17.

El llamado libre albedrío es algo, aunque no sepamos qué es.

.18.

Si los condicionamientos no son algo dado, el libre albedrío tampoco, todo está cambiando, continuamente.

.19.

Sin haber decidido nacer ni tener conciencia, no puedo considerarme libre, en todo caso lo sería la naturaleza.

.20.

Somos lenguaje, vivimos en él, y también el libre albedrío requiere de las palabras.

.21.

No estamos separados del mundo, y el mundo no es libre, obedece a leyes que barruntamos.

.22.

El misterio está en todo, también en el libre albedrío.

.23.

El libre albedrío no es menos enigma que nosotros.

.24.

Si el libre albedrío existe, pertenece a la vida y no a nosotros.

.25.

Estamos hechos con los mismos elementos del universo. Somos tan libres como lo puede ser la vida.

.26.

Del universo surgió la vida, también de él nació el llamado libre albedrío.

.27.

El libre albedrío es enigma, y ¡cómo le cuesta al ego reconocerlo!

.28.

El yo y la persona son ficciones de la mente, como lo es la ilusoria libertad.

.29.

Si el libre albedrío existe, ya existía antes del animal que somos.

.30.

La vida es una sola, si existiera la libertad sería de la vida y no del animal humano.

.31.

Si somos libres es el mismo tipo de "libertad" que consideremos puede tener la vida.

.32.

En fin, el libre albedrío es la misma vida. Es la realidad y Lo-Que-Es.

.33.

Somos una paradoja: somos a la vez sujeto y acción.

.34.

El animal que somos está condenado a creerse libre y destinado a barruntar explicaciones.

.35.

El animal que somos no siempre se creyó libre, es una creencia reciente, y pasará.

.36.

Al hacerse compleja la reflexión, comenzó la era de la razón y se le dio nombre al misterio. A nuestra mayor autonomía se le llama libre albedrío.

.37.

No sabemos lo que es el libre albedrío, pero algo es.

.38.

El libre albedrío se manifiesta en tiempo y espacio, diferente a la totalidad de la vida que está más allá del tiempo.

.39.

Alguna mayor autonomía tiene el animal humano, aunque no se sepa "el límite de esa mayor autonomía".

.40.

¿Qué pasa cuando el mismo pensamiento acepta que no es libre? Es cuando más libre es.

.41.

La esencia del humano no está en el llamado libre albedrío sino en ese algo inasible: el "ser".

.42.

Todos los seres vivos tienen algo de autonomía. Y no conocemos ni para qué la tenemos.

.43.

La libertad absoluta no existe en el animal que somos.

.44.

Toda acción humana oculta razones que no conocemos.

.45.

Al no conocer las razones de nuestras acciones surge una verdad absoluta, guste o no: el libre albedrío, como lo entendemos, es ilusorio.

.46.

Reivindicar que no somos libres, contribuye a la humildad.

.47.

Aceptar el enigma de nuestras decisiones rescata la capacidad de asombro. Si no sabemos por qué hacemos lo que hacemos, la aparente posibilidad de decidir es un misterio, extraordinario y maravilloso.

.48.

No saber de dónde surgen nuestras decisiones, nos señala el camino para indagar o inquirir el misterio del animal que somos.

.49.

Es una verdad evidente nuestra interdependencia con todo. Totalmente, no estamos separados de nada.

.50.

¿De dónde viene lo que digo? Habla una mente-organismo, un yo, una conciencia y una cultura. Todos hablamos desde una historia personal. Nadie está fuera de sus condicionamientos.

.51.

Junto con el pensamiento, surge el llamado libre albedrío que creemos tener los animales que somos.

.52.

Todo indica que el llamado libre albedrío viene de la evolución de la naturaleza.

.53.

Somos una manifestación de la vida y de la mayor autonomía del animal humano.

.54.

La mente nos hace creer que estamos libres de la naturaleza que nos va haciendo.

.55.

Existe un verdadero Yo que no conocemos, pero vivenciamos, que es todo y está más allá del ilusorio libre albedrío.

.56.

Al formarse una conciencia y adquirirse un lenguaje, surge el pensamiento, y con él ese otro mundo del ego de creernos una persona que es libre.

.57.

El animal que somos nombra las cosas y reflexiona sobre sus pensamientos, surgiendo las opiniones, religiones y filosofías, y la ilusión de libertad.

.58.

Alguna libertad parece que tenemos, pero es una libertad desconocida. Al llamarla libre albedrío, creemos conocerla. Regresemos al origen, somos lo desconocido igual que lo es el libre albedrío.

.59.

El pensamiento puede ser muy útil para mostrar los límites de nuestra supuesta libertad.

.60.

Siendo el yo, el pensamiento y el libre albedrío, creaciones de la mente, se hace diáfano que no existe el pretendido libre albedrío.

.61.

Es evidente que no estamos separados ni de los genes ni de los condicionamientos.

.62.

La vida que somos, nadie sabe por qué, nos hace pensar que somos seres independientes y con libre albedrío que, como se le entiende, no existe.

.63.

El animal que somos llega a creer que está separado de los animales y cosas. Y que goza de una libertad absoluta. Es nuestra mayor ilusión.

.64.

Hablamos de las cosas porque las nombramos y, al poder pensarlas, surge la ilusión de estar por completo separados de ellas.

.65.

Si aceptamos no se libres, es un paso gigantesco y un avance indispensable para seguir indagando.

.66.

Está claro que somos ignorantes de las ultimidades sobre la vida y lo que somos. Somos parte del misterio. Es una verdad evidente.

.67.

Únicamente para el animal que somos tiene sentido hablar de energía, conciencia o libre albedrío.

.68.

Somos todas las cosas porque ellas nos constituyen, pero, exactamente, no sabemos qué es ni la conciencia.

.69.

¿Qué es la libertad que anida en nosotros? El enigma es total.

.70.

Si nacemos en tiempo y espacio, no podemos saber lo que es libertad.

.71.

Existen fuerzas que no son accesibles al pensamiento.

.72.

Sin pensamiento nada existe. Para la mente, tenemos libre albedrío, bla, bla, bla, nada.

.73.

Con las palabras, la relación con las cosas deja de ser directa y los prejuicios impiden la comprensión del proceso cognitivo.

.74.

La libertad que conocemos es creada por la mente.

.75.

La mente no puede determinar su supuesto libre albedrío.

.76.

Si al inicio no había lenguaje y el yo es creado por la mente, la libertad de la persona es ficción.

.77.

La pretendida libertad del animal humano surge de, y es, enigma.

.78.

La persona se cree libre.

.79.

La misma conciencia se percata de no tener la libertad que cree tener.

.80.

La separación de las cosas es aparente, pasa por alto las interconexiones.

.81.

Nada es nuestro, pero hablamos de mi cuerpo y mi libre albedrío.

.82.

En definitiva, no se sabe lo que es la conciencia ni su supuesta libertad.

.83.

Lo evidente es que la conciencia y su mayor autonomía no es nuestra, pertenece a la vida, no nace ni muere con nosotros.

.84.

La conciencia permite el contacto con lo desconocido.

.85.

Nuestra supuesta libertad es inasible, como ¡el reflejo del sol en la gota de rocío!

.86.

Para pensar son necesarios sujeto y predicado, y así surge la ilusión de una persona que cree tener libre albedrío.

.87.

El animal que somos crea las separaciones, un objeto-cognoscente cree conocer a otro objeto-conocido, y así surge la supuesta libertad.

.88.

Siendo enigmas es comprensible nuestro apego a una supuesta libertad.

.89.

Es liberador darse cuenta de que el libre albedrío, como lo entendemos, es otra ilusión.

.90.

Hablamos del libre albedrío de una persona inexistente.

.91.

Olvidamos ser una realidad que desconocemos y que, como tal, no puede ser libre.

Cristo

Nada se mueve en el mundo que no sea designio divino.

Dios dijo "Soy lo que soy", según la Biblia", y merece tenerse en cuenta.

Autores consultados

Este texto tiene influencia de Heráclito, Parménides, Krishnamurti, Laotsé, Buda, Sócrates, Einstein, Ramana Maharshi, Osho, Nisargadatta Maharaj, Ramesh Balsekar, Descartes, Kant, Nietzsche, Wittgenstein, Comte-Sponville, Cioran, Montaigne, Rafael Cadenas, Eckhart Tolle, Jeff Foster, entre otros. Igualmente, tiene aportes filosóficos, literarios y poéticos de mis tertulias con Jesús Enrique Barrios y Florencio Sánchez.

Petición

Amiga o amigo lector, agradezco tu comentario, preferiblemente en amazon, al lado del libro o enviado a estos correos:

viviressuficiente@gmail.com

o

rey253@hotmail.com.

Igualmente, estoy en disposición de conversar por esa misma vía sobre estos temas.
Sin costo, ofrezco mi colaboración para publicar en amazon.

Sobre el autor

Reinaldo Rodríguez Anzola ha explorado cuestiones filosóficas, científicas y místicas. Ha publicado libros y artículos de prensa y ha sido columnista de los diarios El Nacional y El Impulso en Venezuela. Ha sido doctor en derecho, viajero, montañista, lector, observador, amante y peregrino. Tiene cinco hijos y sobrevive en Caracas.

Otros libros del autor

La vida un misterio
tremendamente hermoso
¡Qué vaina tan buena es vivir!
ISBN:980-12-0853-8 (agotado)
Prólogo de Jorge Portilla

¡DISFRUTA AHORA!
Es más tarde de lo que piensas
–A la luz de la sabiduría
de Einstein y Rafael Cadenas–
amazon.com/dp/b00ds76c04
Papel ISBN: 9781973534631
Prólogo de Jesús Enrique Barrios
Palabras de Rafael Cadenas

A la luz de la sabiduría
amazon.com/dp/b00Fi7LPFE
Papel ISBN: 9781973452560
Prólogo de Jorge Portilla
Presentación de Rafael Cadenas
Palabras de José pulido

Vivir y nada más
amazon.com/dp/b00gazork8
Papel ISBN: 9781980417392
Prólogo de Jorge Portilla

Razones para ser feliz
¡Cómo lograrlo!
amazon.com/dp/b00h3wyt8w

Prólogo de José Pulido
Papel ISBN: 9781973250449

Tú no existes
amazon.com/dp/b00hwm712o
Prólogo de Bill Quik
Papel ISBN: 9781720010098

Vida y Conciencia
amazon.com/dp/b00i5pbh6i
Papel ISBN: 9781720195986

¿Qué somos?
amazon.com/dp/b00ijb8lus

¿Sabemos algo?
amazon.com/dp/b00ig6fn3E
Papel ISBN: 9781724116376

¿Somos libres?
amazon.com/dp/b00iopsgmc

Lo-Que-Es
amazon.com/dp/B00I5PBH6I

Pensamiento y silencio
amazon.com/dp/b00Lfq7dbw

¡Despiértate!
La vida es una fiesta
o un paseo ¡escoge!
amazon.com/dp/b00muz7yji

Vida y Muerte
amazon.com/dp/b00oijns5s

Reasons to be happy
How to achieve it!
amazon.com/dp/b00ty4kw7e
Inglés / Español
Prologue: José Pulido

Ragioni per essere felici
Come riuscirci!!
amazon.com/dp/B00qnw1r2o
Italiano / español
Palabras de José Pulido:
Reinaldo e la felicità

¿Pretendes ser feliz?
La felicidad en 7 capítulos
amazon.com/dp/b00vghzwr2
Papel ISBN: 9781976948411

A....Z infinito de la vida
amazon.com/dp/b01326y5pe

Vida Plena
amazon.com/dp/b01bpxuy56

Vivir Amar Gozar y Reír
amazon.com/dp/b015wmbeua

Amar ...colma de gozo
amazon.com/dp/b01cwl9m1a

You do not exist
Bilingual English-español
amazon.com/dp/b01abhgk5a

Being happy
English-Deutsch-Italiano-español
amazon.com/dp/B01B336ox4
Papel ISBN 1549825445

La vida tal como es
amazon.com/dp/B01EOLZTE6

GRÜNDE ZUM GLÜCKLICHSEIN
Wie erreicht man das!
amazon.com/dp/B0169P75ZM
Traducción al alemán:
Herlinda Stockner
Papel ISBN: 9781719954921

¿Sabes Vivir?
amazon.com/dp/B01FLERNMC

Si Dios existiera
amazon.com/dp/B01hc5i9ps
Prólogo de Jorge Portilla
Papel ISBN: 9781977049933

Incertidumbres
amazon.com/dp/B01ICKV9H2

No-Saber
amazon.com/dp/ B01LWZOI20

Espiritualidad
amazon.com/dp/B01N3R0WUM

Verdades
amazon.com/dp/B01NA9HJQC
Papel ISBN: 9781973250449

Asertos y Preguntas
amazon.com/dp/B01N9JT35N

Truths?
¿Verdades?
amazon.com/dp/B01MTGH4PO

Inteligencia
amazon.com/dp/B06XCF815Z

Ser - Presencia
amazon.com/dp/B07283HFST
Papel ISBN 9781521446485
Prólogo de Jorge Portilla
Papel ISBN: 9781521446485

¡Asómbrate!
Somos enigmas
amazon.com/dp/B073YM7YN8
Papel ISBN 9781521871447
Prólogo de Jorge Portilla

Ilusión - Presencia
amazon.com/dp/B077PVLRM7
Papel ISBN 9781973369431

DIOS – Habladurías
amazon.com/dp/B06WRRXJVQ
Papel ISBN 9781520599144
Prólogo de Jorge Portilla

Intelligence
amazon.com/dp/B075PKY61Y
Papel ISBN 9781549765605

Realidad - Presencia
amazon.com/dp/B079Z2FXWM
Papel ISBN 1980671346

Rafael Cadenas
amazon.com/dp/B079T1BQ1V
Papel ISBN: 9781718178748
Prólogo de Freddy Castillo Castellanos

Presencia Ser-Ilusión-Realidad
amazon.com/dp/B07ckl5wjh
Papel ISBN: 9781980917137
Prólogo de Jorge Portilla

Presencia no-dual
amazon.com/dp/B07CZV36Q5
Prólogo de Jorge Portilla
Papel ISBN: 9781723833304

www.ingramcontent.com/pod-product-compliance
Lightning Source LLC
Chambersburg PA
CBHW031924240526
45464CB00022B/810